KB263879

미스터잼의
매직잼 5분 레시피

가열하지 않고 만드는 마법 같은 잼

미스터잼의
매직잼 5분 레시피

초판 1쇄 발행 | 2017년 10월 20일
초판 2쇄 발행 | 2017년 10월 25일

지은이 | 배필성
펴낸이 | 박영욱
펴낸곳 | 깊은나무

편 집 | 허현자 · 김상진
마케팅 | 최석진
디자인 | 서정희 · 민영선

주 소 | 서울시 마포구 월드컵로 14길 62
이메일 | bookrose@naver.com
네이버포스트 | m.post.naver.com
전 화 | 편집문의: 02-325-9172   영업문의: 02-322-6709
팩 스 | 02-3143-3964

출판신고번호 | 제313-2007-000197호

ISBN 978-89-98822-40-8 (13590)

이 도서의 국립중앙도서관 출판예정도서목록(CIP)은 서지정보유통지원시스템
홈페이지(http://seoji.nl.go.kr)와 국가자료공동목록시스템
(http://www.nl.go.kr/kolisnet)에서 이용하실 수 있습니다.
(CIP제어번호: CIP2017023312)

mr.jam

가열하지 않고 만드는 마법 같은 잼

미스터잼의
매직잼 5분 레시피

배필성 지음

깊은나무

2010년, 수제잼의 세계로 들어선 지 8년이 가까워오고 있습니다. 그동안 수제잼 연구가 '미스터잼'이라는 닉네임으로 활동하면서 많은 분들에게 다양한 말씀을 들었습니다.

"설탕을 사용하지 않고도 잼을 만들 수 있다니, 대단해요!"

"어떤 재료든 10분 안에 뚝딱, 잼은 먹고 싶을 때 만들어 먹을 수 있어야 한다는 발상이 신선해요."

"선생님이 잼으로 만들 수 있는 식재료를 세는 것보다 잼으로 만들 수 없는 식재료를 확인하는 게 더 빠르겠네요. 선생님 잼에는 재료의 한계가 없어요."

대부분이 칭찬이어서 잼을 만드는 보람을 느끼고, 의미도 되새길 수 있었습니다. 또한 새로운 잼을 만들어가는 데 커다란 원동력이 되었습니다. 덕분에 기존의 잼에 대한 개념을 넘어선 새로운 잼을 개발할 수 있었습니다. 이른바 '매직잼(Magic Jam)'입니다.

이 책에서는 그동안 수제잼 연구가로 활동하면서 다양한 경험과 시행착오를 겪으며 개발한 매직잼을 소개드리려고 합니다. 매직잼이라는 말이 많이 생소하실 텐데, 말 그대로 마법 같은 잼입니다. 가열이 필요 없고, 어떤 재료로도 잼을 만들 수 있습니다. 또한 이 잼은 색상이 투명해서 그동

안 봐왔던 일반적인 잼과 달리 고급스러운 이미지를 다양하게 표현할 수 있습니다. 이런 특성을 한 단어로 나타낼 수 있는 이름이 없을까 생각하다가 오래 고민할 것도 없이 '매직잼'이라는 단어를 떠올리게 되었습니다.

그동안 잼에 대한 호기심과 궁금증 그리고 한 번 떠올려본 아이디어는 되든 안 되든 결론이 날 때까지 시도해보는 제 성격도 매직잼을 만드는 데 한몫한 듯합니다. 개발 과정에서 '과연 이런 방법으로도 잼을 만들 수 있을까?', '보기에도 신선하고, 맛도 좋고 건강도 챙길 수 있는 잼이 가능할까?' 하는 물음을 스스로에게 묻고 또 물었습니다. 그 물음에 답을 하듯 하나하나 보완해가면서 완성하게 되었습니다. 여러분에게 매직잼을 소개해드릴 수 있게 되어 얼마나 기쁜지 모르겠습니다.

《미스터잼의 매직잼 5분 레시피》에서는 이론 중심의 접근과 만드는 방법에 대한 레시피를 고루 담았습니다. 제가 설명해드리는 이론에서 멈추지 않고, 이 책을 접한 독자 여러분이 또 다른 다양한 잼의 영역을 개발할 수 있는 발판을 마련해드리고자 합니다.

미스터잼의 매직잼! 이제 시작해볼까요?

contents

prologue

매직잼
제대로 알고 제대로 만들기

미스터잼의
매직잼 레시피

제대로 알고 제대로 만들기

가열하지 않고
먹고 싶은 식재료를
즉석에서 블렌딩해서
만드는 잼, 그래서
'매직잼(Magic Jam)'입니다.

매직잼
: 불 없이 5분 안에 만드는 마법 같은 잼

매직잼은 간단히 말씀드리면 만들어놓은 기본 용액과 레몬주스, 만들고자 하는 블렌딩 재료를 함께 넣고 섞어주면 완성되는 잼입니다. 가열할 필요 없이 바로 응고되는 즉석잼입니다.

원칙적으로 매직잼에 블렌딩 할 재료는 제한이 없습니다. 하지만 주로 다음과 같은 재료를 사용합니다.

-허브류

-향신료

-농축액

-소스류

-기타 잼

-주류(맥주, 막걸리, 위스키, 보드카 등)

주류를 재료로 잼을 만드는 방법은 기본적인 방법과 조금 다릅니다. 원액과 레몬주스를 넣고 섞어준 다음 응고가 일어난 뒤 주류를 넣고 다시 섞어주어 잼을 만듭니다. 주류의 경우 알코올 성분이 펙틴의 응고 반응을 반감시켜 응고가 제대로 일어나지 않을 수도 있기 때문입니다.

매직잼의 특징은 다음과 같습니다.

－가열 없이 섞어주기만 하면 바로 만들 수 있는 비가열 즉석잼이다.
－만들고자 하는 잼 재료의 한계가 없다.
－투명한 색으로 만들 수 있기 때문에 다채로운 색상을 만들 수 있다.
－용액을 대량으로 만들어놓으면 한꺼번에 많은 양의 매직잼을 만들 수 있다.
－즉각적인 응고 반응을 기대할 수 있기 때문에 여러 가지 색상의 잼을 다층으로 구성할 수 있다.

매직잼 핵심 요소
: 펙틴과 '매직잼 기본 용액'

　매직잼에서 가장 중요한 기본이론이자 핵심이론은 바로 '펙틴'에서 시작됩니다. 응고제의 일종인 펙틴은 주로 과일에서 추출되는 물질입니다. 저는 수년 동안 잼을 만들어오면서 한편으로 많은 분들에게 잼을 만드는 방법을 가르쳐드렸는데, 많은 수강생과 소비자들에게 펙틴에 대해 많은 질문을 받기도 했습니다.

　그만큼 일반인들이 펙틴에 대해 제대로 알 수 있는 정보가 없다 보니 불안감과 호기심이 교차하지 않았을까 생각됩니다. 이 책에서는 펙틴이 무엇이며 잼을 만들 때 어떤 역할을 하는지 자세하게 알아보겠습니다.

펙틴은 무엇인가요?

　펙틴은 주로 과일이나 채소에서 추출되는 성분의 이름으로 잼을 만들 때 응고제 역할을 합니다. 감귤, 사과, 바나나 등에 많이 함유되어 있는 물질이기도 합니다. 펙틴은 1825년 J. B. Racconot에 의해 발견되어 '펙틴(Pectin)'이란 이름이 지어졌습니다. 어원은 그리스어의 'pektos(딱딱하다, 경직)'로, 말 그대로 젤(Gel)을 형성하기 쉬운 성질을 띠고 있습니다.

최근 50년 동안 미국과 유럽에서는 펙틴이 하나의 상품이 되어 기업화가 이루어지고 있습니다. 펙틴은 증점제로서 식품제조에 많이 사용되고 있으며, 기업화에 따른 부단한 연구개발의 결과 다양한 형태로 생산되고 있습니다.

펙틴 외에 응고제 하면 떠오르는 것이 있죠. 바로 젤라틴과 한천입니다.
하지만 매직잼을 만드는 데 응고제로 사용하는 것은 펙틴입니다.
제품의 안정성에 관련된 문제도 있지만 외부 환경조건에, 즉각적인 응고 반응을 일으킬 수 있기 때문에 보다 적합하다고 할 수 있답니다.

펙틴(Pectin)의 정의(식약처 〈식품첨가물 공전〉 중)

감귤류 또는 사과 등을 열수 또는 산성수용액 등으로 추출하여 얻은 정제된 탄수화물의 중합체로서 펙틴 사슬의 주요 부분은 D-갈락튜론산 단위의 α-1, 4 결합으로 구성되어 있다. 카르복실기의 일부는 메틸에스테르화되어 있으며 나머지는 유리산 또는 암모늄, 칼륨, 나트륨염으로 존재한다. 사용 목적에 따라 당류를 첨가하여 물성을 표준화시키거나 산도 조절의 목적으로 완충제로 사용되는 식품첨가물을 첨가하기도 한다.

(위치정보: 식품첨가물공전▶ Ⅱ. 화학적 합성품, 천연첨가물 및 혼합제제류▶ 제3. 품목별 성분규격 및 보존기준▶ 나. 천연첨가물▶ 83. 펙틴)

펙틴은 몸에 좋은가요?

펙틴은 잼 만드는 데 가장 필수적인 물질인데, 과일 속에 함유된 천연 펙틴들은 우리 몸에 이로운 활동을 하기도 합니다. 대장활동 개선을 통한 대장암 예방을 시작으로 변비를 예방하고, 콜레스테롤 수치를 낮춰주어 심혈관 질환이나 각종 성인병 예방에 효과가 있습니다.

시중에는 사과에서 추출한 애플펙틴 캡슐이 건강기능식품 형태로 판매되고 있습니다만, 아무래도 가장 좋은 섭취 방법은 과일을 통해 섭취하는 것입니다.

펙틴이면 무조건 좋은 걸까요?

가끔 잼 만들기 수업을 진행하다 보면 다음과 같은 질문을 받곤 합니다.

"선생님, 펙틴은 몸에 좋지 않다고 하던데요?"

네, 부분적으로 맞긴 합니다. 이 질문에 대한 대답을 자세하게 풀어서 말씀드리겠습니다.

자연계에 있는 펙틴의 종류는 두 가지로 나눌 수 있습니다.

불용성 펙틴과 수용성 펙틴.

질문하신 분이 말씀하시는 펙틴은 바로 불용성 펙틴입니다.

불용성 펙틴을 과량 섭취하게 되면 우리 몸의 칼슘, 철분 등 무기질이 제대로 흡수되지 못합니다. 불용성 펙틴은 "프로토펙틴"이라고 하며 과일이 덜 익었을 때 외부의 충격으로부터 씨앗 등을 보호하기 위해 세포벽을 딱딱하게 만들어 보호해주는 역할을 합니다. 과일이 점점 익어가면서 프로토펙틴은 우리가 알고 있는 수용성 펙틴으로 변하며 세포벽을 연하게 만들어주는 역할을 합니다.

요약하자면 불용성 펙틴(프로토펙틴)은 덜 익은 과일에 풍부하게 있는 반면, 수용성 펙틴은 잘 익은 과일에 함유되어 있습니다. 시중에 판매되고 있는 펙틴들은 물에 잘 녹을 수 있는 수용성 펙틴이기 때문에 걱정하지 않으셔도 됩니다.

펙틴을 집에서도 만들 수 있나요?

펙틴이 과일에서 추출되는 몸에 좋은 물질이라고 아무리 말씀을 드려도 "펙틴"이라는 강한 억양 때문에, 또는 처음 듣는 생소함 때문에 화학적이고 몸에 좋지 않을 거라 생각하시는 분들이 많습니다.

이런 분들을 위해서 직접 펙틴을 만드는 방법을 알려드리겠습니다

1. 잘 익은 사과 3~4개를 깨끗하게 세척한 다음, 씨를 제거하

고 깍둑썰기로 잘라 냄비에 넣습니다(껍질은 제거하지 않습니다).

2. 사과가 충분히 잠길 수 있을 정도로 냄비에 넉넉한 물을 넣고 센 불로 가열합니다.

3. 냄비 안의 내용물이 끓기 시작하면, 약한 불로 바꿔준 다음 약 30분 ~1시간가량 푹 삶아줍니다.

4. 빈 그릇에 채반을 걸치고 채반 안에는 광목천을 깔아준 다음 냄비 안의 내용물을 붓고 약 1시간가량 두어 사과 삶은 물을 받아냅니다.

5. 걸러낸 사과 삶은 물을 다시 냄비에 넣고 충분히 졸여줍니다.

이렇게 만들어진 사과 펙틴액은 응고 기능을 잘 발휘하는지 확인 절차가 필요합니다.

확인하는 방법은

1. 빈 그릇에 프락토올리고당 100g을 넣고

2. 레몬주스 10g을 넣어줍니다.

3. 프락토올리고당과 레몬주스가 잘 섞이도록 저어줍니다.

4. 사과펙틴액을 함께 넣고 다시 섞어줍니다.

5. 섞는 과정에서 응고 반응이 일어나 젤리화가 된다면 펙틴액이 제대로 만들어진 것입니다.

※ 집에서 만든 펙틴은 일반 잼을 만들 때 활용해보시기 바랍니다. 이 책에서 소개된 매직잼에는 응용하기가 어렵습니다. 집에서 펙틴을 만들 경우 아무래도 과일의 펙틴 함량이나 외부환경 때문에 품질을 일정하게 만들기가 어렵습니다. 그때그때 배합비율의 차가 클 수밖에 없어 권해드리지 않습니다.

※ 만드는 방법에 관한 동영상 자료가 필요하신 분은 '유튜브'에서 'pectin make' 를 검색해 보세요. 가정에서 펙틴 만들기와 관련된 외국의 동영상들이 많이 있습니다.

펙틴 활성화 조건

잼을 만들 때 펙틴은 응고제로서 그 기능을 합니다. 응고제 하면 젤라틴과 한천도 떠올릴 수 있지만 펙틴을 잼 만들 때 적합한 응고제로 선택하는 이유는 외부 환경조건만 맞춰주면 보다 손쉽게 응고 반응을 일으킬 수 있다는 장점과 제품의 안정성 차원에서 적합하기 때문입니다.

펙틴이 활성화되기 위해서는 산과 당도 일정한 기준을 충족해야 합니다. 산과 당 두 가지 조건 모두 충족해야만 안정적인 응고 반응을 일으킬 수 있습니다. 산에 대한 기준은 pH 2.8~3.5, 그리고 당에 대한 조건은 65 브릭스 이상입니다.

물론 이 범위에서 벗어난다고 응고가 전혀 되지 않는 것은 아닙니다. 다만 위와 같은 기준이 충족되어야 응고가 가장 원활하게 이루어집니다.

그렇다면 산과 당은 어떤 순서로 첨가해야 할까요? 먼저 당과 펙틴을 잘 섞어준 다음 레몬주스를 넣어줍니다. 레몬주스를 제일 먼저 넣고 펙틴을 첨가하게 되면 펙틴이 잘 풀리지 않을 수 있습니다. 레몬주스는 반드시 나중에 넣고 섞어야 합니다.

펙틴의 종류

기업에 공급되는 펙틴은 크게 두 가지로 분류됩니다. 하나는 고메톡실펙틴(high methoxyl pectin, H.M), 다른 하나는 저메톡실펙틴(low-methoxyl pectin, L.M)입니다.

말 그대로 메톡실(Methoxyl, 메틸에스테르 비율)의 함유량이 7% 이상인 경우를 고메톡실 펙틴(H.M), 7% 이하인 경우를 저메톡실 펙틴(L.M)이라고 표현합니다. 고메톡실 펙틴은 일정 비율의 산, 당과 물이 존재하면 젤리화가 일어납니다. 이러한 특성을 이용하여 과실젤리, 잼을 제조할 수 있습니다. 반면 저메톡실 펙틴은 칼슘 등의 다가금속이온을 첨가함으로써 펙틴분자 사이의 카르복실(Carboxyl)에 가교를 형성하여 겔화합니다. 우유와 같이 칼슘이 많은 것에 당을 첨가하지 않고도 젤리를 제조할 수 있습니다.

잼을 만들 때는 고메톡실펙틴(H.M)을 주로 사용합니다(단, 완성 당도가 낮은 잼을 만들 때는 저메톡실펙틴을 사용할 수 있으나 완성 당도가 낮게 되면 쉽게 변질될 수 있어 냉장보관을 주로하게 됩니다).

펙틴을 구매할 때 꼭 확인해야 할 것이 있습니다. 펙틴 용기에는 'HM펙틴', 'LH펙틴'이 따로 표기되어 있지 않습니다. 용기 겉면에 반드시 사용 용도에 '잼용'이라고 표기되어 있는지 확인해야 합니다.

매직잼 기본 용액 이론

매직잼의 기본 용액은 펙틴의 반응이론을 기반으로 합니다. 당에 대한 조건과 산에 대한 조건이 맞춰져야만 응고가 일어나는 펙틴의 반응성을 응용한 것입니다.

매직잼의 기본 용액은 당과 펙틴을 미리 배합하여 숙성시켜 안정시킨 다음, 매직잼을 만들 때 기본 용액에 산과 함께 허브, 향신료 등을 첨가해 섞어 즉각적인 응고 반응을 유도합니다. 여기서 '즉각적인 응고'가 궁금하실 겁니다.

보통 잼은 뜨거운 상태에서 생각보다 묽은 형태를 띱니다. 특히 설탕이 아닌 프락토올리고당을 재료로 사용하면 뜨거울 때 묽어지는 프락토올리고당의 성질 때문에 첨가한 허브류, 차류 등이 표면 위로 둥둥 떠오르는 현상이 벌어지게 됩니다.

매직잼의 가장 큰 장점은 잼이면서도 첨가된 내용물을 투명하게 볼 수 있다는 점인데, 만일 이 내용물들이 둥둥 떠 있다면 일반 잼 만드는 방식과 큰 차이가 없을 것입니다.

'즉각적인 응고'는 내용물이 바로 응고가 되어 첨가된 내용물이 위로 떠오르는 것을 막아주고 적당한 자리를 잡을 수 있도록 고정해주는 것을 의미합니다.

매직잼 만드는 도구

냄비

어떠한 형태의 냄비도 큰 문제가 없습니다. 보통 잼을 만들 때 사용하는 냄비는 바닥과 옆면이 직각을 이루어야 합니다. 그래야 당이 타들어가는 맛을 줄일 수 있기 때문이지요. 하지만 매직잼의 용액은 계속 졸이는 것이 아니라 내용물이 살짝 끓을 때까지만 가열해서 만들기 때문에 냄비 형태에 대한 제약이 없습니다.

주걱

보통 잼을 만들 때는 "ㅡ"자 형태의 주걱으로 바닥을 잘 긁어주어야 합니다. 하지만 매직잼의 용액을 만들 때에는 온도가 고루 퍼질 수 있도록 중간중간에 섞어주면 됩니다. 때문에 주걱 또한 냄비와 마찬가지로 형태에 대한 제약이 없습니다.

거름망

매직잼의 용액을 만들 때 중요한 것은 용액의 투명도와 적당한 농도입니다. 프락토올리고당을 가열하여 펙틴을 넣고 바로 풀어주는 방법으로 만들 수도 있지만, 이렇게 되면 일정한 농도를 유지하는 매직잼의 용액을 얻기가 굉장히 어렵습니다. 때문에 일정 양의 채소를 함께 넣고 가열해서 만드는데, 펙틴을 섞어주기 전에 건더기를 건져내야 합니다. 거름망은 이때 건더기를 건져내는 역할을 합니다.

핸드믹서

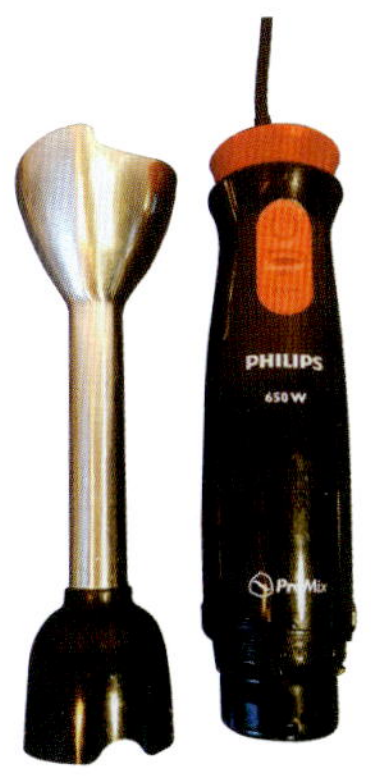

핸드믹서는 펙틴을 풀어줄 때 유용하게 사용합니다. 펙틴을 풀어줄 때 용액의 온도가 높기 때문에 조심해야 합니다. 뜨거운 올리고당과 펙틴을 믹서에 옮겨 담고 돌려주다 보면 거품의 양이 많아져 투명도가 떨어질 수도 있고, 내용물이 손실될 수 있기 때문에 주의해야 합니다.

저울

저울은 일반저울과 정밀저울 두 가지가 모두 필요합니다. 특히 펙틴은 소량으로도 농도의 변화가 클 수 있기 때문에 0.1g 단위 측정이 가능한 정밀저울이 반드시 필요합니다. 일반저울은 채소류나 프락토올리고당의 양을 측정할 때 필요합니다.

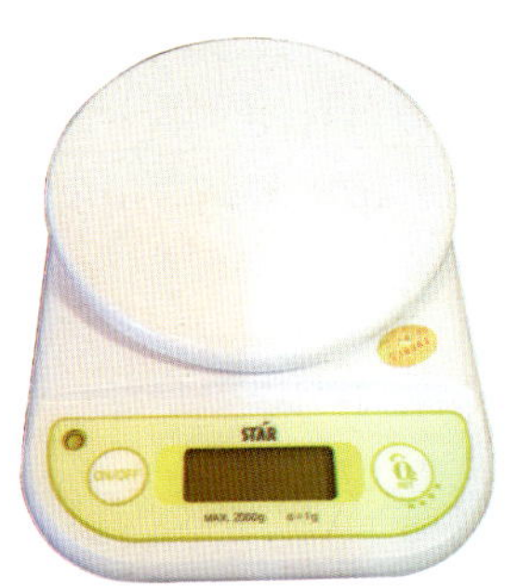

레몬주스

레몬주스는 매직잼의 용액을 응고시키는 역할을 합니다. 가급적 투명한 것을 사용하는 것이 좋습니다.

우드스틱

매직잼 용액과 레몬주스를 섞어줄 때 사용합니
다. 가정에서는 일반 티스푼으로 대신할 수 있습
니다.

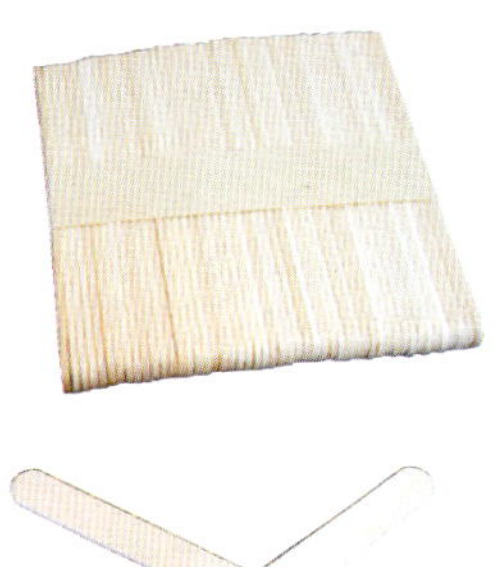

유리병

일반 매직잼을 만들 때는 유리병의 종류가 큰 문
제가 되지 않지만 매직잼의 보존성을 확보하고자
할 때 진공을 잡아야 하기 때문에 뜨거운 상태의
매직잼 용액을 담게 됩니다. 이때 일반 유리병에
담으면 파손될 수 있습니다. 때문에 반드시 내열
유리병인지 확인하고 사용해야 합니다.

매직잼
기본 용액 만들기

매직잼 기본 용액을 만들기 위해서 필요한 재료는 총 세 가지입니다.

첫째. 프락토올리고당.
프락토올리고당은 펙틴의 응고조건 중 당의 기준을 충족하기 위해 필요한 재료입니다.

둘째. 펙틴.
펙틴은 매직잼 기본 용액이 산과 당의 조건을 충족했을 때 즉각적인 응고 반응을 일으키기 위한 응고제로서 중요한 재료입니다.

셋째. 오이고추.

오이고추는 파프리카나 오이 등으로 대체
가 가능합니다.

기본 용액 만들 때 오이고추를 사용
하는 이유는 매직잼 용액의 투명도와
안정적 농도를 확보하기 위함입니다.

매직잼 용액 만들기

준비물: 프락토올리고당 400g, 오이고추 80g, 펙틴 4g

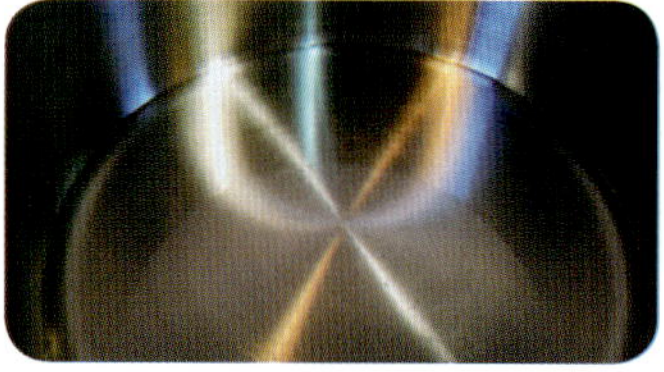

1. 냄비에 프락토올리고당을 담습
   니다.

2. 오이고추를 적당한 크기로 썰어
   프락토올리고당이 담긴 냄비에
   함께 넣습니다.

3. 냄비를 센 불로 가열합니다.

4. 냄비의 내용물이 끓기 시작하면
   불을 끄고 뚜껑을 닫습니다.

5. 약 20분 뒤 거름망으로 오이고추
   를 모두 건져냅니다.

6. 용액이 담긴 냄비에 펙틴을 넣고 핸드믹서로 펙틴 덩어리가 없어질 때까지 충분히 섞어줍니다.

7. 상온에서 24시간 숙성합니다.

8. 냄비 뚜껑을 열고 남아 있는 거품을 걷어냅니다(거품이 없으면 걷어낼 필요가 없습니다).

매직잼의
진공과 살균

매직잼의 진공

1. 매직잼을 만들 때 매직잼 용액을 중탕으로 가열해 뜨거운 상태로 만듭니다.
2. 뜨거운 매직잼을 유리병에 넣고 레몬주스와 함께 허브류 등을 넣고 잘 섞어줍니다(매직잼 용액은 뜨거운 상태에서 묽기 때문에 뚜껑을 닫고 병째 들고 살짝 흔들어도 됩니다).
3. 뚜껑을 바로 닫습니다(진공은 온도 차이에 의한 것이기 때문에 반드시 뜨거울 때 뚜껑을 닫아주어야 진공이 잘 잡힙니다).

매직잼의 살균

진공을 잡기 위해 뜨거운 상태에서 뚜껑을 닫은 후 80~90도 정도의 물에 푹 담가두고 3~5분 정도 그대로 둡니다. 뜨거운 물이 반드시 병뚜껑을 완전히 덮어야 합니다.

진공과 살균이 잘 처리되었을 경우 보존기간

약 6개월 이상 상온에서 보관이 가능합니다. 하지만 섞어주는 재료의 성분에 따라 보존기간이 상이할 수 있습니다. 허브류, 차류, 알코올류 등은 큰 문제가 없지만 단백질 성분이나 전분류 등을 섞어줄 경우 보존기간이 현저히 짧아질 수 있습니다.

PART
2
미스터잼의
매직잼 레시피

사과, 딸기에서부터

장미와 보드카까지

재료의 풍미가 살아나고

눈과 입이 맛있어지는

매직잼

눈과 입이
맛있어지는 매직잼

장미잼, 펄스블루잼, 크로칸트잼, 금잼,
스트로베리초코잼, 펄스핑크잼, 피넛크런치잼

재료

매직잼 용액 100g, 레몬주스 5g, 장미차 약간
(병의 크기에 따라 재료량의 차이가 있습니다. 일반
적으로 매직잼 용액 양의 5% 정도의 레몬주스를 섞
어줍니다.)

병 세척 및 건조

① 병을 물로 세척한 다음 입구가 위로 향하게 한 채 건조합니다.
② 물기가 완전히 마르고 난 다음 사용해야 합니다.

재료준비

① 매직잼 용액(26페이지 참고)
② 장미차의 받침부분을 제거한 다음 꽃잎을 한
  잎씩 떼어냅니다.

만들기

1. 매직잼 용액을 유리병에
   담습니다.

2. 매직잼 용액을 담은 유리
   병에 장미를 넣습니다.

3. 매직잼 용액과 첨가재료
   를 넣은 유리병에 레몬주
   스를 넣습니다.

4. 병에 담긴 모든 내용물을 우드스틱으로 섞어줍니다.

5. 우드스틱을 아래에서 위로 들어 올리면서 섞습니다. 윗
   부분의 레몬주스가 잘 섞여야 원활하게 응고됩니다.

6. 병 속 내용물이 어느 정도 응고가 되면 섞는 것을 멈춥니
   다. 충분히 응고되었는데도, 계속 섞어주면 기포가 생성
   되어 미관상 좋지 않을 수 있습니다.

7. 병뚜껑을 닫습니다.

보존기간

실온에서 7일 이내, 냉장보관 할 경우 1개월.
(6개월까지 보존기간을 늘리려면 28페이지 '매직잼의 진공과 살균'을 참고하세요.)

재료

매직잼 용액 100g, 레몬주스 5g, 펄스블루 약간
(병의 크기에 따라 재료량의 차이가 있습니다. 일반
적으로 매직잼 용액 양의 5% 정도의 레몬주스를 섞
어줍니다.)

병 세척 및 건조

① 병을 물로 세척한 다음 입구가 위로 향하게 한 채 건조합니다.
② 물기가 완전히 마르고 난 다음 사용해야 합니다.

재료준비

① 매직잼 용액(26페이지 참고)
② 펄스블루를 준비합니다.

만들기

1. 매직잼 용액을 유리병에 담습니다.

2. 매직잼 용액을 담은 유리병에 펄스블루를 넣습니다.

3. 매직잼 용액과 첨가재료를 넣은 유리병에 레몬주스를 넣습니다.

4. 병에 담긴 모든 내용물을 우드스틱으로 섞어줍니다.

5. 우드스틱을 아래에서 위로 들어 올리면서 내용물을 섞습니다. 윗부분의 레몬주스가 잘 섞여야 원활하게 응고됩니다.

6. 병 속 내용물이 어느 정도 응고가 되면 섞는 것을 멈춥니다. 충분히 응고되었는데도, 계속 섞어주면 기포가 생성되어 미관상 좋지 않을 수 있습니다.

7. 병뚜껑을 닫습니다.

보존기간

실온에서 7일 이내, 냉장보관 할 경우 1개월.
(6개월까지 보존기간을 늘리려면 28페이지 '매직잼의 진공과 살균'을 참고하세요.)

재료

매직잼 용액 100g, 레몬주스 5g, 크로칸트 약간
(병의 크기에 따라 재료량의 차이가 있습니다. 일반
적으로 매직잼 용액 양의 5% 정도의 레몬주스를 섞
어줍니다.)

병 세척 및 건조

① 병을 물로 세척한 다음 입구가 위로 향하게 한 채 건조합니다.
② 물기가 완전히 마르고 난 다음 사용해야 합니다.

재료준비

① 매직잼 용액(26페이지 참고)
② 크로칸트를 준비합니다.

만들기

1. 매직잼 용액을 유리병에 담습니다.

2. 매직잼 용액을 담은 유리병에 크로칸트를 넣습니다.

3. 매직잼 용액과 첨가재료를 넣은 유리병에 레몬주스를 넣습니다.

4. 병에 담긴 모든 내용물을 우드스틱으로 섞어줍니다.

5. 우드스틱을 아래에서 위로 들어 올리면서 내용물을 섞습니다. 윗부분의 레몬주스가 잘 섞여야 원활하게 응고됩니다.

6. 병 속 내용물이 어느 정도 응고가 되면 섞는 것을 멈춥니다. 충분히 응고되었는데도, 계속 섞어주면 기포가 생성되어 미관상 좋지 않을 수 있습니다.

7. 병뚜껑을 닫습니다.

보존기간

실온에서 7일 이내, 냉장보관 할 경우 1개월.
(6개월까지 보존기간을 늘리려면 28페이지 '매직잼의 진공과 살균'을 참고하세요.)

재료

매직잼 용액 100g, 레몬주스 5g, 식용 금 약간
(병의 크기에 따라 재료량의 차이가 있습니다. 일반
적으로 매직잼 용액 양의 5% 정도의 레몬주스를 섞
어줍니다.)

병 세척 및 건조

① 병을 물로 세척한 다음 입구가 위로 향하게 한 채 건조합니다.
② 물기가 완전히 마르고 난 다음 사용해야 합니다.

재료준비

① 매직잼 용액(26페이지 참고)
② 식용 금을 준비합니다.

만들기

1. 매직잼 용액을 유리병에 담습니다.

2. 매직잼 용액을 담은 유리병에 식용 금을 넣습니다.

3. 매직잼 용액과 첨가재료를 넣은 유리병에 레몬주스를 넣습니다.

4. 병에 담긴 모든 내용물을 우드스틱으로 섞어줍니다.

5. 우드스틱을 아래서 위로 들어 올리면서 섞습니다. 윗부분의 레몬주스가 잘 섞여야 원활하게 응고됩니다.

6. 병 속 내용물이 어느 정도 응고가 되면 섞는 것을 멈춥니다. 충분히 응고되었는데도, 계속 섞어주면 기포가 생성되어 미관상 좋지 않을 수 있습니다.

7. 병뚜껑을 닫습니다.

보존기간

실온에서 7일 이내, 냉장보관 할 경우 1개월.
(6개월까지 보존기간을 늘리려면 28페이지 '매직잼의 진공과 살균'을 참고하세요.)

재료

매직잼 용액 100g, 레몬주스 5g, 스트로베리초
코 약간
(병의 크기에 따라 재료량의 차이가 있습니다. 일반
적으로 매직잼 용액 양의 5% 정도의 레몬주스를 섞
어줍니다.)

병 세척 및 건조

① 병을 물로 세척한 다음 입구가 위로 향하게 한 채 건조합니다.
② 물기가 완전히 마르고 난 다음 사용해야 합니다.

재료준비

① 매직잼 용액(26페이지 참고)
② 스트로베리초코를 준비합니다.

만들기

1. 매직잼 용액을 유리병에 담습니다.

2. 매직잼 용액을 담은 유리병에 스트로베리초코를 넣습니다.

3. 매직잼 용액과 첨가재료를 넣은 유리병에 레몬주스를 넣습니다.

4. 병에 담긴 모든 내용물을 우드스틱으로 섞어줍니다.

5. 우드스틱을 아래에서 위로 들어 올리면서 내용물을 섞습니다. 윗부분의 레몬주스가 잘 섞여야 원활하게 응고됩니다.

6. 병 속 내용물이 어느 정도 응고가 되면 섞는 것을 멈춥니다. 충분히 응고되었는데도, 계속 섞어주면 기포가 생성되어 미관상 좋지 않을 수 있습니다.

7. 병뚜껑을 닫습니다.

보존기간

실온에서 7일 이내, 냉장보관 할 경우 1개월.
(6개월까지 보존기간을 늘리려면 28페이지 '매직잼의 진공과 살균'을 참고하세요.)

NO 6. 펄스핑크잼

재료

매직잼 용액 100g, 레몬주스 5g, 펄스핑크 약간
(병의 크기에 따라 재료량의 차이가 있습니다. 일반
적으로 매직잼 용액 양의 5% 정도의 레몬주스를 섞
어줍니다.)

병 세척 및 건조

① 병을 물로 세척한 후 입구가 위로 향하게 한 채 건조합니다.
② 물기가 완전히 마르고 난 다음 사용하여야 합니다.

재료준비

① 매직잼 용액(26페이지 참고)
② 펄스핑크를 준비합니다.

만들기

1. 매직잼 용액을 유리병에 담습니다.

2. 매직잼 용액을 담은 유리병에 펄스핑크를 넣습니다.

3. 매직잼 용액과 첨가재료를 넣은 유리병에 레몬주스를 넣습니다.

4. 병에 담긴 모든 내용물을 우드스틱으로 섞어줍니다.

5. 우드스틱을 아래에서 위로 들어 올리면서 내용물을 섞습니다. 윗부분의 레몬주스가 잘 섞여야 원활하게 응고됩니다.

6. 병 속 내용물이 어느 정도 응고가 되면 섞는 것을 멈춥니다. 충분히 응고되었는데도, 계속 섞어주면 기포가 생성되어 미관상 좋지 않을 수 있습니다.

7. 병뚜껑을 닫습니다.

보존기간

실온에서 7일 이내, 냉장보관 할 경우 1개월.
(6개월까지 보존기간을 늘리려면 28페이지 '매직잼의 진공과 살균'을 참고하세요.)

재료

매직잼 용액 100g, 레몬주스 5g, 피넛크런치 약간
(병의 크기에 따라 재료량의 차이가 있습니다. 일반
적으로 매직잼 용액 양의 5% 정도의 레몬주스를 섞
어줍니다.)

병 세척 및 건조

① 병을 물로 세척한 다음 입구가 위로 향하게 한 채 건조합니다.
② 물기가 완전히 마르고 난 다음 사용해야 합니다.

재료준비

① 매직잼 용액(26페이지 참고)
② 피넛크런치를 준비합니다.

만들기

1. 매직잼 용액을 유리병에 담습니다.

2. 매직잼 용액을 담은 유리병에 피넛크런치를 넣습니다.

3. 매직잼 용액과 첨가재료를 넣은 유리병에 레몬주스를 넣습니다.

4. 병에 담긴 모든 내용물을 우드스틱으로 섞어줍니다.

5. 우드스틱을 아래에서 위로 들어 올리면서 내용물을 섞습니다. 윗부분의 레몬주스가 잘 섞여야 원활하게 응고됩니다.

6. 병 속 내용물이 어느 정도 응고가 되면 섞는 것을 멈춥니다. 충분히 응고되었는데도, 계속 섞어주면 기포가 생성되어 미관상 좋지 않을 수 있습니다.

7. 병뚜껑을 닫습니다.

보존기간

실온에서 7일 이내, 냉장보관 할 경우 1개월.
(6개월까지 보존기간을 늘리려면 28페이지 '매직잼의 진공과 살균'을 참고하세요.)

과일맛을 살린
매직잼

사과과즙잼, 배즙잼, 열대과일믹스잼,
딸기쿠키크런치잼, 망고쿠키크런치잼

재료

매직잼 용액 100g, 레몬주스 5g, 사과과즙 농축
액 약간
(병의 크기에 따라 재료량의 차이가 있습니다. 일반
적으로 매직잼 용액 양의 5% 정도의 레몬주스를 섞
어줍니다.)

병 세척 및 건조

① 병을 물로 세척한 다음 입구가 위로 향하게 한 채 건조합니다.
② 물기가 완전히 마르고 난 다음 사용해야 합니다.

재료준비

① 매직잼 용액(26페이지 참고)
② 사과과즙 농축액을 준비합니다.

만들기

1. 매직잼 용액을 유리병에 담습니다.

2. 매직잼 용액을 담은 유리병에 사과과즙농축액을 넣습니다.

3. 매직잼 용액과 첨가재료를 넣은 유리병에 레몬주스를 넣습니다.

4. 병에 담긴 모든 내용물을 우드스틱으로 섞어줍니다.

5. 우드스틱을 아래에서 위로 들어 올리면서 내용물을 섞습니다. 윗부분의 레몬주스가 잘 섞여야 원활하게 응고됩니다.

6. 병 속 내용물이 어느 정도 응고가 되면 섞는 것을 멈춥니다. 충분히 응고되었는데도, 계속 섞어주면 기포가 생성되어 미관상 좋지 않을 수 있습니다.

7. 병뚜껑을 닫습니다.

보존기간

실온에서 7일 이내, 냉장보관 할 경우 1개월.
(6개월까지 보존기간을 늘리려면 28페이지 '매직잼의 진공과 살균'을 참고하세요.)

NO 9. 배즙잼

재료

매직잼 용액 100g, 레몬주스 5g, 배즙 농축액
약간
(병의 크기에 따라 재료량의 차이가 있습니다. 일반
적으로 매직잼 용액 양의 5% 정도의 레몬주스를 섞
어줍니다.)

병 세척 및 건조

① 병을 물로 세척한 다음 입구가 위로 향하게 한 채 건조합니다.
② 물기가 완전히 마르고 난 다음 사용해야 합니다.

재료준비

① 매직잼 용액(26페이지 참고)
② 배즙 농축액을 준비합니다.

만들기

1. 매직잼 용액을 유리병에 담습니다.

2. 매직잼 용액을 담은 유리병에 배즙농축액을 넣습니다.

3. 매직잼 용액과 첨가재료를 넣은 유리병에 레몬주스를 넣습니다.

4. 병에 담긴 모든 내용물을 우드스틱으로 섞어줍니다.

5. 우드스틱을 아래에서 위로 들어 올리면서 내용물을 섞습니다. 윗부분의 레몬주스가 잘 섞여야 원활하게 응고됩니다.

6. 병 속 내용물이 어느 정도 응고가 되면 섞는 것을 멈춥니다. 충분히 응고되었는데도, 계속 섞어주면 기포가 생성되어 미관상 좋지 않을 수 있습니다.

7. 병뚜껑을 닫습니다.

보존기간

실온에서 7일 이내, 냉장보관 할 경우 1개월.
(6개월까지 보존기간을 늘리려면 28페이지 '매직잼의 진공과 살균'을 참고하세요.)

NO 10. 열대과일믹스잼

재료

매직잼 용액 100g, 레몬주스 5g, 열대과일믹스
약간
(병의 크기에 따라 재료량의 차이가 있습니다. 일반
적으로 매직잼 용액 양의 5% 정도의 레몬주스를 섞
어줍니다.)

병 세척 및 건조

① 병을 물로 세척한 다음 입구가 위로 향하게 한 채 건조합니다.
② 물기가 완전히 마르고 난 다음 사용해야 합니다.

재료준비

① 매직잼 용액(26페이지 참고)
② 열대과일믹스를 준비합니다.

만들기

1. 매직잼 용액을 유리병에 담습니다.

2. 매직잼 용액을 담은 유리병에 열대과일믹스를 넣습니다.

3. 매직잼 용액과 첨가재료를 넣은 유리병에 레몬주스를 넣습니다.

4. 병에 담긴 모든 내용물을 우드스틱으로 섞어줍니다.

5. 우드스틱을 아래에서 위로 들어 올리면서 내용물을 섞습니다. 윗부분의 레몬주스가 잘 섞여야 원활하게 응고됩니다.

6. 병 속 내용물이 어느 정도 응고가 되면 섞는 것을 멈춥니다. 충분히 응고되었는데도, 계속 섞어주면 기포가 생성되어 미관상 좋지 않을 수 있습니다.

7. 병뚜껑을 닫습니다.

보존기간

실온에서 7일 이내, 냉장보관 할 경우 1개월.
(6개월까지 보존기간을 늘리려면 28페이지 '매직잼의 진공과 살균'을 참고하세요.)

재료

매직잼 용액 100g, 레몬주스 5g, 딸기쿠키크런치 약간
(병의 크기에 따라 재료량의 차이가 있습니다. 일반적으로 매직잼 용액 양의 5% 정도의 레몬주스를 섞어줍니다.)

병 세척 및 건조

① 병을 물로 세척한 다음 입구가 위로 향하게 한 채 건조합니다.
② 물기가 완전히 마르고 난 다음 사용해야 합니다.

재료준비

① 매직잼 용액(26페이지 참고)
② 딸기쿠키크런치를 준비합니다.

만들기

1. 매직잼 용액을 유리병에 담습니다.

2. 매직잼 용액을 담은 유리병에 딸기쿠키크런치를 넣습니다.

3. 매직잼 용액과 첨가재료를 넣은 유리병에 레몬주스를 넣습니다.

4. 병에 담긴 모든 내용물을 우드스틱으로 섞어줍니다.

5. 우드스틱을 아래에서 위로 들어 올리면서 내용물을 섞습니다. 윗부분의 레몬주스가 잘 섞여야 원활하게 응고됩니다.

6. 병 속 내용물이 어느 정도 응고가 되면 섞는 것을 멈춥니다. 충분히 응고되었는데도, 계속 섞어주면 기포가 생성되어 미관상 좋지 않을 수 있습니다.

7. 병뚜껑을 닫습니다.

보존기간

실온에서 7일 이내, 냉장보관 할 경우 1개월.
(6개월까지 보존기간을 늘리려면 28페이지 '매직잼의 진공과 살균'을 참고하세요.)

재료

매직잼 용액 100g, 레몬주스 5g, 망고쿠키크런
치 약간
(병의 크기에 따라 재료량의 차이가 있습니다. 일반
적으로 매직잼 용액 양의 5% 정도의 레몬주스를 섞
어줍니다.)

병 세척 및 건조

① 병을 물로 세척한 다음 입구가 위로 향하게 한 채 건조합니다.
② 물기가 완전히 마르고 난 다음 사용해야 합니다.

재료준비

① 매직잼 용액(26페이지 참고)
② 망고쿠키크런치를 준비합니다.

만들기

1. 매직잼 용액을 유리병에 담습니다.

2. 매직잼 용액을 담은 유리병에 망고쿠키크런치를 넣습니다.

3. 매직잼 용액과 첨가재료를 넣은 유리병에 레몬주스를 넣습니다.

4. 병에 담긴 모든 내용물을 우드스틱으로 섞어줍니다.

5. 우드스틱을 아래에서 위로 들어 올리면서 내용물을 섞습니다. 윗부분의 레몬주스가 잘 섞여야 원활하게 응고됩니다.

6. 병 속 내용물이 어느 정도 응고가 되면 섞는 것을 멈춥니다. 충분히 응고되었는데도, 계속 섞어주면 기포가 생성되어 미관상 좋지 않을 수 있습니다.

7. 병뚜껑을 닫습니다.

보존기간

실온에서 7일 이내, 냉장보관 할 경우 1개월.
(6개월까지 보존기간을 늘리려면 28페이지 '매직잼의 진공과 살균'을 참고하세요.)

mr.jam

한국인의 입맛에 맞춘
매직잼

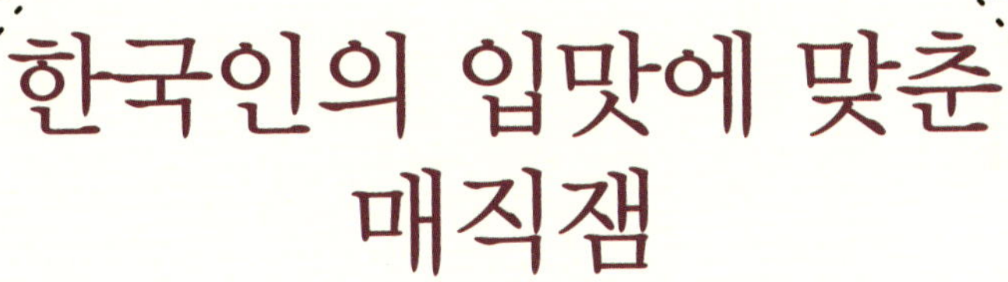

매운잼, 고추냉이잼, 마늘잼,
후추잼, 생강잼

NO 13. 매운잼

재료

매직잼 용액 100g, 레몬주스 5g, 캡사이신 약간
(병의 크기에 따라 재료량의 차이가 있습니다. 일반
적으로 매직잼 용액 양의 5% 정도의 레몬주스를 섞
어줍니다.)

병 세척 및 건조

① 병을 물로 세척한 다음 입구가 위로 향하게 한 채 건조합니다.
② 물기가 완전히 마르고 난 다음 사용해야 합니다.

재료준비

① 매직잼 용액(26페이지 참고)
② 캡사이신을 준비합니다.

만들기

1. 매직잼 용액을 유리병에 담습니다.

2. 매직잼 용액을 담은 유리병에 캡사이신을 넣습니다.

3. 매직잼 용액과 첨가재료를 넣은 유리병에 레몬주스를 넣습니다.

4. 병에 담긴 모든 내용물을 우드스틱으로 섞어줍니다.

5. 우드스틱을 아래에서 위로 들어 올리면서 섞습니다. 윗부분의 레몬주스가 잘 섞여야 원활하게 응고됩니다.

6. 병 속 내용물이 어느 정도 응고가 되면 섞는 것을 멈춥니다. 충분히 응고되었는데도, 계속 섞어주면 기포가 생성되어 미관상 좋지 않을 수 있습니다.

7. 병뚜껑을 닫습니다.

보존기간

실온에서 7일 이내, 냉장보관 할 경우 1개월.
(6개월까지 보존기간을 늘리려면 28페이지 '매직잼의 진공과 살균'을 참고하세요.)

재료

매직잼 용액 100g, 레몬주스 5g, 고추냉이 약간
(병의 크기에 따라 재료량의 차이가 있습니다. 일반
적으로 매직잼 용액 양의 5% 정도의 레몬주스를 섞
어줍니다.)

병 세척 및 건조

① 병을 물로 세척한 다음 입구가 위로 향하게 한 채 건조합니다.
② 물기가 완전히 마르고 난 다음 사용해야 합니다.

재료준비

① 매직잼 용액(26페이지 참고)
② 고추냉이를 준비합니다.

만들기

1. 매직잼 용액을 유리병에 담습니다.

2. 매직잼 용액을 담은 유리병에 고추냉이를 넣습니다.

3. 매직잼 용액과 첨가재료를 넣은 유리병에 레몬주스를 넣습니다.

4. 병에 담긴 모든 내용물을 우드스틱으로 섞어줍니다.

5. 우드스틱을 아래에서 위로 들어 올리면서 내용물을 섞습니다. 윗부분의 레몬주스가 잘 섞여야 원활하게 응고됩니다.

6. 병 속 내용물이 어느 정도 응고가 되면 섞는 것을 멈춥니다. 충분히 응고되었는데도, 계속 섞어주면 기포가 생성되어 미관상 좋지 않을 수 있습니다.

7. 병뚜껑을 닫습니다.

보존기간

실온에서 7일 이내, 냉장보관 할 경우 1개월.
(6개월까지 보존기간을 늘리려면 28페이지 '매직잼의 진공과 살균'을 참고하세요.)

재료

매직잼 용액 100g, 레몬주스 5g, 마늘분말 약간
(병의 크기에 따라 재료량의 차이가 있습니다. 일반
적으로 매직잼 용액 양의 5% 정도의 레몬주스를 섞
어줍니다.)

병 세척 및 건조

① 병을 물로 세척한 다음 입구가 위로 향하게 한 채 건조합니다.
② 물기가 완전히 마르고 난 다음 사용해야 합니다.

재료준비

① 매직잼 용액(26페이지 참고)
② 마늘분말을 준비합니다.

만들기

1. 매직잼 용액을 유리병에 담습니다.

2. 매직잼 용액을 담은 유리병에 마늘분말을 넣습니다.

3. 매직잼 용액과 첨가재료를 넣은 유리병에 레몬주스를 넣습니다.

4. 병에 담긴 모든 내용물을 우드스틱으로 섞어줍니다.

5. 우드스틱을 아래에서 위로 들어 올리면서 내용물을 섞습니다. 윗부분의 레몬주스가 잘 섞여야 원활하게 응고됩니다.

6. 병 속 내용물이 어느 정도 응고가 되면 섞는 것을 멈춥니다. 충분히 응고되었는데도, 계속 섞어주면 기포가 생성되어 미관상 좋지 않을 수 있습니다.

7. 병뚜껑을 닫습니다.

보존기간

실온에서 7일 이내, 냉장보관 할 경우 1개월.
(6개월까지 보존기간을 늘리려면 28페이지 '매직잼의 진공과 살균'을 참고하세요.)

재료

매직잼 용액 100g, 레몬주스 5g, 후추분말 약간
(병의 크기에 따라 재료량의 차이가 있습니다. 일반
적으로 매직잼 용액 양의 5% 정도의 레몬주스를 섞
어줍니다.)

병 세척 및 건조

① 병을 물로 세척한 다음 입구가 위로 향하게 한 채 건조합니다.
② 물기가 완전히 마르고 난 다음 사용해야 합니다.

재료준비

① 매직잼 용액(26페이지 참고)
② 후추분말을 준비합니다.

만들기

1. 매직잼 용액을 유리병에 담습니다.

2. 매직잼 용액을 담은 유리병에 후추분말을 넣습니다.

3. 매직잼 용액과 첨가재료를 넣은 유리병에 레몬주스를 넣습니다.

4. 병에 담긴 모든 내용물을 우드스틱으로 섞어줍니다.

5. 우드스틱을 아래에서 위로 들어 올리면서 내용물을 섞습니다. 윗부분의 레몬주스가 잘 섞여야 원활하게 응고됩니다.

6. 병 속 내용물이 어느 정도 응고가 되면 섞는 것을 멈춥니다. 충분히 응고되었는데도, 계속 섞어주면 기포가 생성되어 미관상 좋지 않을 수 있습니다.

7. 병뚜껑을 닫습니다.

보존기간

실온에서 7일 이내, 냉장보관 할 경우 1개월.
(6개월까지 보존기간을 늘리려면 28페이지 '매직잼의 진공과 살균'을 참고하세요.)

재료

매직잼 용액 100g, 레몬주스 5g, 생강분말 약간
(병의 크기에 따라 재료량의 차이가 있습니다. 일반
적으로 매직잼 용액 양의 5% 정도의 레몬주스를 섞
어줍니다.)

병 세척 및 건조

① 병을 물로 세척한 다음 입구가 위로 향하게 한 채 건조합니다.
② 물기가 완전히 마르고 난 다음 사용해야 합니다.

재료준비

① 매직잼 용액(26페이지 참고)
② 생강분말을 준비합니다.

만들기

1. 매직잼 용액을 유리병에 담습니다.

2. 매직잼 용액을 담은 유리병에 생강분말을 넣습니다.

3. 매직잼 용액과 첨가재료를 넣은 유리병에 레몬주스를 넣습니다.

4. 병에 담긴 모든 내용물을 우드스틱으로 섞어줍니다.

5. 우드스틱을 아래에서 위로 들어 올리면서 내용물을 섞습니다. 윗부분의 레몬주스가 잘 섞여야 원활하게 응고됩니다.

6. 병 속 내용물이 어느 정도 응고가 되면 섞는 것을 멈춥니다. 충분히 응고되었는데도, 계속 섞어주면 기포가 생성되어 미관상 좋지 않을 수 있습니다.

7. 병뚜껑을 닫습니다.

보존기간

실온에서 7일 이내, 냉장보관 할 경우 1개월.
(6개월까지 보존기간을 늘리려면 28페이지 '매직잼의 진공과 살균'을 참고하세요.)

mr.jam

독특한 재료의 풍미를
살린 매직잼

사프란잼, 파마산치즈잼, 바질잼, 발사믹식초잼,
머스터드잼, 케첩잼, 계피잼

재료

매직잼 용액 100g, 레몬주스 5g, 사프란 약간
(병의 크기에 따라 재료량의 차이가 있습니다. 일반
적으로 매직잼 용액 양의 5% 정도의 레몬주스를 섞
어줍니다.)

병 세척 및 건조

① 병을 물로 세척한 다음 입구가 위로 향하게 한 채 건조합니다.
② 물기가 완전히 마르고 난 다음 사용해야 합니다.

재료준비

① 매직잼 용액(26페이지 참고)
② 사프란을 준비합니다.

만들기

1. 매직잼 용액을 유리병에 담습니다.

2. 매직잼 용액을 담은 유리병에 사프란을 넣습니다.

3. 매직잼 용액과 첨가재료를 넣은 유리병에 레몬주스를 넣습니다.

4. 병에 담긴 모든 내용물을 우드스틱으로 섞어줍니다.

5. 우드스틱을 아래에서 위로 들어 올리면서 내용물을 섞습니다. 윗부분의 레몬주스가 잘 섞여야 원활하게 응고됩니다.

6. 병 속 내용물이 어느 정도 응고가 되면 섞는 것을 멈춥니다. 충분히 응고되었는데도, 계속 섞어주면 기포가 생성되어 미관상 좋지 않을 수 있습니다.

7. 병뚜껑을 닫습니다.

보존기간

실온에서 7일 이내, 냉장보관 할 경우 1개월.
(6개월까지 보존기간을 늘리려면 28페이지 '매직잼의 진공과 살균'을 참고하세요.)

재료

매직잼 용액 100g, 레몬주스 5g, 파마산치즈 약간
(병의 크기에 따라 재료량의 차이가 있습니다. 일반
적으로 매직잼 용액 양의 5% 정도의 레몬주스를 섞
어줍니다.)

병 세척 및 건조

① 병을 물로 세척한 다음 입구가 위로 향하게 한 채 건조합니다.
② 물기가 완전히 마르고 난 다음 사용해야 합니다.

재료준비

① 매직잼 용액(26페이지 참고)
② 파마산치즈를 준비합니다.

만들기

1. 매직잼 용액을 유리병에 담습니다.

2. 매직잼 용액을 담은 유리병에 파마산치즈를 넣습니다.

3. 매직잼 용액과 첨가재료를 넣은 유리병에 레몬주스를 넣습니다.

4. 병에 담긴 모든 내용물을 우드스틱으로 섞어줍니다.

5. 우드스틱을 아래에서 위로 들어 올리면서 내용물을 섞습니다. 윗부분의 레몬주스가 잘 섞여야 원활하게 응고됩니다.

6. 병 속 내용물이 어느 정도 응고가 되면 섞는 것을 멈춥니다. 충분히 응고되었는데도, 계속 섞어주면 기포가 생성되어 미관상 좋지 않을 수 있습니다.

7. 병뚜껑을 닫습니다.

보존기간

실온에서 7일 이내, 냉장보관 할 경우 1개월.
(6개월까지 보존기간을 늘리려면 28페이지 '매직잼의 진공과 살균'을 참고하세요.)

재료

매직잼 용액 100g, 레몬주스 5g, 바질 분말 약간
(병의 크기에 따라 재료량의 차이가 있습니다. 일반
적으로 매직잼 용액 양의 5% 정도의 레몬주스를 섞
어줍니다.)

병 세척 및 건조

① 병을 물로 세척한 다음 입구가 위로 향하게 한 채 건조합니다.
② 물기가 완전히 마르고 난 다음 사용해야 합니다.

재료준비

① 매직잼 용액(26페이지 참고)
② 바질분말을 준비합니다.

만들기

1. 매직잼 용액을 유리병에 담습니다.

2. 매직잼 용액을 담은 유리병에 바질분말을 넣습니다.

3. 매직잼 용액과 첨가재료를 넣은 유리병에 레몬주스를 넣습니다.

4. 병에 담긴 모든 내용물을 우드스틱으로 섞어줍니다.

5. 우드스틱을 아래에서 위로 들어 올리면서 내용물을 섞습니다. 윗부분의 레몬주스가 잘 섞여야 원활하게 응고됩니다.

6. 병 속 내용물이 어느 정도 응고가 되면 섞는 것을 멈춥니다. 충분히 응고되었는데도, 계속 섞어주면 기포가 생성되어 미관상 좋지 않을 수 있습니다.

7. 병뚜껑을 닫습니다.

보존기간

실온에서 7일 이내, 냉장보관 할 경우 1개월.
(6개월까지 보존기간을 늘리려면 28페이지 '매직잼의 진공과 살균'을 참고하세요.)

재료

매직잼 용액 100g, 레몬주스 5g, 발사믹식초 약간
(병의 크기에 따라 재료량의 차이가 있습니다. 일반
적으로 매직잼 용액 양의 5% 정도의 레몬주스를 섞
어줍니다.)

병 세척 및 건조

① 병을 물로 세척한 다음 입구가 위로 향하게 한 채 건조합니다.
② 물기가 완전히 마르고 난 다음 사용해야 합니다.

재료준비

① 매직잼 용액(26페이지 참고)
② 발사믹식초를 준비합니다.

만들기

1. 매직잼 용액을 유리병에 담습니다.

2. 매직잼 용액을 담은 유리병에 발사믹식초를 넣습니다.

3. 매직잼 용액과 첨가재료를 넣은 유리병에 레몬주스를 넣습니다.

4. 병에 담긴 모든 내용물을 우드스틱으로 섞어줍니다.

5. 우드스틱을 아래에서 위로 들어 올리면서 섞습니다. 윗부분의 레몬주스가 잘 섞여야 원활하게 응고됩니다.

6. 병 속 내용물이 어느 정도 응고가 되면 섞는 것을 멈춥니다. 충분히 응고되었는데도, 계속 섞어주면 기포가 생성되어 미관상 좋지 않을 수 있습니다.

7. 병뚜껑을 닫습니다.

보존기간

실온에서 7일 이내, 냉장보관 할 경우 1개월.
(6개월까지 보존기간을 늘리려면 28페이지 '매직잼의 진공과 살균'을 참고하세요.)

재료

매직잼 용액 100g, 레몬주스 5g, 머스터드소스
약간
(병의 크기에 따라 재료량의 차이가 있습니다. 일반
적으로 매직잼 용액 양의 5% 정도의 레몬주스를 섞
어줍니다.)

병 세척 및 건조

① 병을 물로 세척한 다음 입구가 위로 향하게 한 채 건조합니다.
② 물기가 완전히 마르고 난 다음 사용해야 합니다.

① 매직잼 용액(26페이지 참고)
② 머스터드소스를 준비합니다.

만들기

1. 매직잼 용액을 유리병에 담습니다.

2. 매직잼 용액을 담은 유리병에 머스터드소스를 넣습니다.

3. 매직잼 용액과 첨가재료를 넣은 유리병에 레몬주스를 넣습니다.

4. 병에 담긴 모든 내용물을 우드스틱으로 섞어줍니다.

5. 우드스틱을 아래에서 위로 들어 올리면서 내용물을 섞습니다. 윗부분의 레몬주스가 잘 섞여야 원활하게 응고됩니다.

6. 병 속 내용물이 어느 정도 응고가 되면 섞는 것을 멈춥니다. 충분히 응고되었는데도, 계속 섞어주면 기포가 생성되어 미관상 좋지 않을 수 있습니다.

7. 병뚜껑을 닫습니다.

보존기간

실온에서 7일 이내, 냉장보관 할 경우 1개월.
(6개월까지 보존기간을 늘리려면 28페이지 '매직잼의 진공과 살균'을 참고하세요.)

재료

매직잼 용액 100g, 레몬주스 5g, 케첩 약간
(병의 크기에 따라 재료량의 차이가 있습니다. 일반
적으로 매직잼 용액 양의 5% 정도의 레몬주스를 섞
어줍니다.)

병 세척 및 건조

① 병을 물로 세척한 다음 입구가 위로 향하게 한 채 건조합니다.
② 물기가 완전히 마르고 난 다음 사용해야 합니다.

재료준비

① 매직잼 용액(26페이지 참고)
② 케첩을 준비합니다.

만들기

1. 매직잼 용액을 유리병에 담습니다.

2. 매직잼 용액을 담은 유리병에 케첩을 넣습니다.

3. 매직잼 용액과 첨가재료를 넣은 유리병에 레몬주스를 넣습니다.

4. 병에 담긴 모든 내용물을 우드스틱으로 섞어줍니다.

5. 우드스틱을 아래에서 위로 들어 올리면서 내용물을 섞습니다. 윗부분의 레몬주스가 잘 섞여야 원활하게 응고됩니다.

6. 병 속 내용물이 어느 정도 응고가 되면 섞는 것을 멈춥니다. 충분히 응고되었는데도, 계속 섞어주면 기포가 생성되어 미관상 좋지 않을 수 있습니다.

7. 병뚜껑을 닫습니다.

보존기간

실온에서 7일 이내, 냉장보관 할 경우 1개월.
(6개월까지 보존기간을 늘리려면 28페이지 '매직잼의 진공과 살균'을 참고하세요.)

재료

매직잼 용액 100g, 레몬주스 5g, 계피분말 약간
(병의 크기에 따라 재료량의 차이가 있습니다. 일반
적으로 매직잼 용액 양의 5% 정도의 레몬주스를 섞
어줍니다.)

병 세척 및 건조

① 병을 물로 세척한 다음 입구가 위로 향하게 한 채 건조합니다.
② 물기가 완전히 마르고 난 다음 사용해야 합니다.

재료준비

① 매직잼 용액(26페이지 참고)
② 계피분말을 준비합니다.

만들기

1. 매직잼 용액을 유리병에 담습니다.

2. 매직잼 용액을 담은 유리병에 계피분말을 넣습니다.

3. 매직잼 용액과 첨가재료를 넣은 유리병에 레몬주스를 넣습니다.

4. 병에 담긴 모든 내용물을 우드스틱으로 섞어줍니다.

5. 우드스틱을 아래에서 위로 들어 올리면서 섞습니다. 윗부분의 레몬주스가 잘 섞여야 원활하게 응고됩니다.

6. 병 속 내용물이 어느 정도 응고가 되면 섞는 것을 멈춥니다. 충분히 응고되었는데도, 계속 섞어주면 기포가 생성되어 미관상 좋지 않을 수 있습니다.

7. 병뚜껑을 닫습니다.

보존기간

실온에서 7일 이내, 냉장보관 할 경우 1개월.
(6개월까지 보존기간을 늘리려면 28페이지 '매직잼의 진공과 살균'을 참고하세요.)

초코를 이용한 매직잼

초코잼, 초코크런치잼, 볶음코코넛분태잼,
초코진주펄잼, 화이트초코잼

재료

매직잼 용액 100g, 레몬주스 5g, 초코분말 약간
(병의 크기에 따라 재료량의 차이가 있습니다. 일반
적으로 매직잼 용액 양의 5% 정도의 레몬주스를 섞
어줍니다.)

병 세척 및 건조

① 병을 물로 세척한 다음 입구가 위로 향하게 한 채 건조합니다.
② 물기가 완전히 마르고 난 다음 사용해야 합니다.

재료준비

① 매직잼 용액(26페이지 참고)
② 초코분말을 준비합니다.

만들기

1. 매직잼 용액을 유리병에 담습니다.

2. 매직잼 용액을 담은 유리병에 초코분말을 넣습니다.

3. 매직잼 용액과 첨가재료를 넣은 유리병에 레몬주스를 넣습니다.

4. 병에 담긴 모든 내용물을 우드스틱으로 섞어줍니다.

5. 우드스틱을 아래에서 위로 들어 올리면서 내용물을 섞습니다. 윗부분의 레몬주스가 잘 섞여야 원활하게 응고됩니다.

6. 병 속 내용물이 어느 정도 응고가 되면 섞는 것을 멈춥니다. 충분히 응고되었는데도, 계속 섞어주면 기포가 생성되어 미관상 좋지 않을 수 있습니다.

7. 병뚜껑을 닫습니다.

보존기간

실온에서 7일 이내, 냉장보관 할 경우 1개월.
(6개월까지 보존기간을 늘리려면 28페이지 '매직잼의 진공과 살균'을 참고하세요.)

재료

매직잼 용액 100g, 레몬주스 5g, 초코크런치 약간 
(병의 크기에 따라 재료량의 차이가 있습니다. 일반
적으로 매직잼 용액 양의 5% 정도의 레몬주스를 섞
어줍니다.)

병 세척 및 건조

① 병을 물로 세척한 다음 입구가 위로 향하게 한 채 건조합니다.
② 물기가 완전히 마르고 난 다음 사용해야 합니다.

재료준비

① 매직잼 용액(26페이지 참고)
② 초코크런치를 준비합니다.

만들기

1. 매직잼 용액을 유리병에 담습니다.

2. 매직잼 용액을 담은 유리병에 초코크런치를 넣습니다.

3. 매직잼 용액과 첨가재료를 넣은 유리병에 레몬주스를 넣습니다.

4. 병에 담긴 모든 내용물을 우드스틱으로 섞어줍니다.

5. 우드스틱을 아래에서 위로 들어 올리면서 내용물을 섞습니다. 윗부분의 레몬주스가 잘 섞여야 원활하게 응고됩니다.

6. 병 속 내용물이 어느 정도 응고가 되면 섞는 것을 멈춥니다. 충분히 응고되었는데도, 계속 섞어주면 기포가 생성되어 미관상 좋지 않을 수 있습니다.

7. 병뚜껑을 닫습니다.

보존기간

실온에서 7일 이내, 냉장보관 할 경우 1개월.
(6개월까지 보존기간을 늘리려면 28페이지 '매직잼의 진공과 살균'을 참고하세요.)

재료

매직잼 용액 100g, 레몬주스 5g, 볶음코코넛분
태 약간
(병의 크기에 따라 재료량의 차이가 있습니다. 일반
적으로 매직잼 용액 양의 5% 정도의 레몬주스를 섞
어줍니다.)

병 세척 및 건조

① 병을 물로 세척한 다음 입구가 위로 향하게 한 채 건조합니다.
② 물기가 완전히 마르고 난 다음 사용해야 합니다.

재료준비

① 매직잼 용액(26페이지 참고)
② 볶음코코넛분태를 준비합니다.

만들기

1. 매직잼 용액을 유리병에 담습니다.

2. 매직잼 용액을 담은 유리병에 볶음코코넛분태를 넣습니다.

3. 매직잼 용액과 첨가재료를 넣은 유리병에 레몬주스를 넣습니다.

4. 병에 담긴 모든 내용물을 우드스틱으로 섞어줍니다.

5. 우드스틱을 아래에서 위로 들어 올리면서 내용물을 섞습니다. 윗부분의 레몬주스가 잘 섞여야 원활하게 응고됩니다.

6. 병 속 내용물이 어느 정도 응고가 되면 섞는 것을 멈춥니다. 충분히 응고되었는데도, 계속 섞어주면 기포가 생성되어 미관상 좋지 않을 수 있습니다.

7. 병뚜껑을 닫습니다.

보존기간

실온에서 7일 이내, 냉장보관 할 경우 1개월.
(6개월까지 보존기간을 늘리려면 28페이지 '매직잼의 진공과 살균'을 참고하세요.)

NO 28. 초코진주펄잼

재료

매직잼 용액 100g, 레몬주스 5g, 초코진주펄 약간
(병의 크기에 따라 재료량의 차이가 있습니다. 일반
적으로 매직잼 용액 양의 5% 정도의 레몬주스를 섞
어줍니다.)

병 세척 및 건조

① 병을 물로 세척한 다음 입구가 위로 향하게 한 채 건조합니다.
② 물기가 완전히 마르고 난 다음 사용해야 합니다.

재료준비

① 매직잼 용액(26페이지 참고)
② 초코진주펄을 준비합니다.

만들기

1. 매직잼 용액을 유리병에 담습니다.

2. 매직잼 용액을 담은 유리병에 초코진주펄을 넣습니다.

3. 매직잼 용액과 첨가재료를 넣은 유리병에 레몬주스를 넣습니다.

4. 병에 담긴 모든 내용물을 우드스틱으로 섞어줍니다.

5. 우드스틱을 아래에서 위로 들어 올리면서 내용물을 섞습니다. 윗부분의 레몬주스가 잘 섞여야 원활하게 응고됩니다.

6. 병 속 내용물이 어느 정도 응고가 되면 섞는 것을 멈춥니다. 충분히 응고되었는데도, 계속 섞어주면 기포가 생성되어 미관상 좋지 않을 수 있습니다.

7. 병뚜껑을 닫습니다.

보존기간

실온에서 7일 이내, 냉장보관 할 경우 1개월.
(6개월까지 보존기간을 늘리려면 28페이지 '매직잼의 진공과 살균'을 참고하세요.)

재료

매직잼 용액 100g, 레몬주스 5g, 화이트초코 약간
(병의 크기에 따라 재료량의 차이가 있습니다. 일반
적으로 매직잼 용액 양의 5% 정도의 레몬주스를 섞
어줍니다.)

병 세척 및 건조

① 병을 물로 세척한 다음 입구가 위로 향하게 한 채 건조합니다.
② 물기가 완전히 마르고 난 다음 사용해야 합니다.

재료준비

① 매직잼 용액(26페이지 참고)
② 화이트초코를 준비합니다.

만들기

1. 매직잼 용액을 유리병에 담습니다.

2. 매직잼 용액을 담은 유리병에 화이트초코를 넣습니다.

3. 매직잼 용액과 첨가재료를 넣은 유리병에 레몬주스를 넣습니다.

4. 병에 담긴 모든 내용물을 우드스틱으로 섞어줍니다.

5. 우드스틱을 아래에서 위로 들어 올리면서 내용물을 섞습니다. 윗부분의 레몬주스가 잘 섞여야 원활하게 응고됩니다.

6. 병 속 내용물이 어느 정도 응고가 되면 섞는 것을 멈춥니다. 충분히 응고되었는데도, 계속 섞어주면 기포가 생성되어 미관상 좋지 않을 수 있습니다.

7. 병뚜껑을 닫습니다.

보존기간

실온에서 7일 이내, 냉장보관 할 경우 1개월.
(6개월까지 보존기간을 늘리려면 28페이지 '매직잼의 진공과 살균'을 참고하세요.)

커피와 술을 담은 매직잼

녹차잼, 커피잼, 소주잼,
보드카잼, 막걸리잼, 맥주잼

재료

매직잼 용액 100g, 레몬주스 5g, 녹차분말 약간
(병의 크기에 따라 재료량의 차이가 있습니다. 일반
적으로 매직잼 용액 양의 5% 정도의 레몬주스를 섞
어줍니다.)

병 세척 및 건조

① 병을 물로 세척한 다음 입구가 위로 향하게 한 채 건조합니다.
② 물기가 완전히 마르고 난 다음 사용해야 합니다.

재료준비

① 매직잼 용액(26페이지 참고)
② 녹차분말을 준비합니다.

만들기

1. 매직잼 용액을 유리병에 담습니다.

2. 매직잼 용액을 담은 유리병에 녹차를 넣습니다.

3. 매직잼 용액과 첨가재료를 넣은 유리병에 레몬주스를 넣습니다.

4. 병에 담긴 모든 내용물을 우드스틱으로 섞어줍니다.

5. 우드스틱을 아래에서 위로 들어 올리면서 내용물을 섞습니다. 윗부분의 레몬주스가 잘 섞여야 원활하게 응고됩니다.

6. 병 속 내용물이 어느 정도 응고가 되면 섞는 것을 멈춥니다. 충분히 응고되었는데도, 계속 섞어주면 기포가 생성되어 미관상 좋지 않을 수 있습니다.

7. 병뚜껑을 닫습니다.

보존기간

실온에서 7일 이내, 냉장보관 할 경우 1개월.
(6개월까지 보존기간을 늘리려면 28페이지 '매직잼의 진공과 살균'을 참고하세요.)

재료

매직잼 용액 100g, 레몬주스 5g, 동결건조 커피 약간

(병의 크기에 따라 재료량의 차이가 있습니다. 일반적으로 매직잼 용액 양의 5% 정도의 레몬주스를 섞어줍니다.)

병 세척 및 건조

① 병을 물로 세척한 다음 입구가 위로 향하게 한 채 건조합니다.
② 물기가 완전히 마르고 난 다음 사용해야 합니다.

재료준비

① 매직잼 용액(26페이지 참고)
② 동결건조 커피를 준비합니다.

만들기

1. 매직잼 용액을 유리병에 담습니다.

2. 매직잼 용액을 담은 유리병에 동결건조 커피를 넣습니다.

3. 매직잼 용액과 첨가재료를 넣은 유리병에 레몬주스를 넣습니다.

4. 병에 담긴 모든 내용물을 우드스틱으로 섞어줍니다.

5. 우드스틱을 아래에서 위로 들어 올리면서 내용물을 섞습니다. 윗부분의 레몬주스가 잘 섞여야 원활하게 응고됩니다.

6. 병 속 내용물이 어느 정도 응고가 되면 섞는 것을 멈춥니다. 충분히 응고되었는데도, 계속 섞어주면 기포가 생성되어 미관상 좋지 않을 수 있습니다.

7. 병뚜껑을 닫습니다.

보존기간

실온에서 7일 이내, 냉장보관 할 경우 1개월.
(6개월까지 보존기간을 늘리려면 28페이지 '매직잼의 진공과 살균'을 참고하세요.)

재료

매직잼 용액 100g, 레몬주스 5g, 소주 약간
(병의 크기에 따라 재료량의 차이가 있습니다. 일반
적으로 매직잼 용액 양의 5% 정도의 레몬주스를 섞
어줍니다.)

병 세척 및 건조

① 병을 물로 세척한 다음 입구가 위로 향하게 한 채 건조합니다.
② 물기가 완전히 마르고 난 다음 사용해야 합니다.

① 매직잼 용액(26페이지 참고)
② 소주를 준비합니다.

만들기

1. 매직잼 용액을 유리병에 담습니다.

2. 매직잼 용액을 담은 유리병에 레몬주스를 넣습니다.

3. 매직잼 용액과 레몬주스를 잘 섞어준 다음 약 10분 정도 내용물이 완전히 굳을 때까지 기다립니다.

4. 응고된 매직잼에 소주를 넣고 다시 섞어줍니다.

5. 병뚜껑을 닫습니다.

보존기간

실온에서 7일 이내, 냉장보관 할 경우 1개월.
(6개월까지 보존기간을 늘리려면 28페이지 '매직잼의 진공과 살균'을 참고하세요.)

재료

매직잼 용액 100g, 레몬주스 5g, 보드카 약간
(병의 크기에 따라 재료량의 차이가 있습니다. 일반
적으로 매직잼 용액 양의 5% 정도의 레몬주스를 섞
어줍니다.)

병 세척 및 건조

① 병을 물로 세척한 다음 입구가 위로 향하게 한 채 건조합니다.
② 물기가 완전히 마르고 난 다음 사용해야 합니다.

재료준비

① 매직잼 용액(26페이지 참고)
② 보드카를 준비합니다.

만들기

1. 매직잼 용액을 유리병에 담습니다.

2. 매직잼 용액을 담은 유리병에 레몬주스를 넣습니다.

3. 매직잼 용액과 레몬주스를 잘 섞어준 다음 약 10분 정도 내용물이 완전히 굳을 때까지 기다립니다.

4. 응고된 매직잼에 보드카를 넣고 다시 섞어줍니다.

5. 병뚜껑을 닫습니다.

보존기간

실온에서 7일 이내, 냉장보관 할 경우 1개월.
(6개월까지 보존기간을 늘리려면 28페이지 '매직잼의 진공과 살균'을 참고하세요.)

NO 34. 막걸리잼

재료

매직잼 용액 100g, 레몬주스 5g, 막걸리 약간
(병의 크기에 따라 재료량의 차이가 있습니다. 일반
적으로 매직잼 용액 양의 5% 정도의 레몬주스를 섞
어줍니다.)

병 세척 및 건조

① 병을 물로 세척한 다음 입구가 위로 향하게 한 채 건조합니다.
② 물기가 완전히 마르고 난 다음 사용해야 합니다.

① 매직잼 용액(26페이지 참고)
② 막걸리를 냄비에 넣고 살짝 끓여 탄산을 제거해놓습니다.

만들기

1. 매직잼 용액을 유리병에 담습니다.

2. 매직잼 용액을 담은 유리병에 레몬주스를 넣습니다.

3. 매직잼 용액과 레몬주스를 잘 섞어준 다음 약 10분 정도 내용물이 완전히 굳을 때까지 기다립니다.

4. 응고된 매직잼에 막걸리를 넣고 다시 섞어줍니다.

5. 병뚜껑을 닫습니다.

보존기간

실온에서 7일 이내, 냉장보관 할 경우 1개월.
(6개월까지 보존기간을 늘리려면 28페이지 '매직잼의 진공과 살균'을 참고하세요.)

재료

매직잼 용액 100g, 레몬주스 5g, 맥주 약간
(병의 크기에 따라 재료량의 차이가 있습니다. 일반
적으로 매직잼 용액 양의 5% 정도의 레몬주스를 섞
어줍니다.)

병 세척 및 건조

① 병을 물로 세척한 다음 입구가 위로 향하게 한 채 건조합니다.
② 물기가 완전히 마르고 난 다음 사용해야 합니다.

① 매직잼 용액(26페이지 참고)
② 맥주를 냄비에 넣고 살짝 끓여 탄산을 제거해놓습니다.

만들기

1. 매직잼 용액을 유리병에 담습니다.

2. 매직잼 용액을 담은 유리병에 레몬주스를 넣습니다.

3. 매직잼 용액과 레몬주스를 잘 섞어준 다음 약 10분 정도 내용물이 완전히 굳을 때까지 기다립니다.

4. 응고된 매직잼에 맥주를 넣고 다시 섞어줍니다.

5. 병뚜껑을 닫습니다.

보존기간

실온에서 7일 이내, 냉장보관 할 경우 1개월.
(6개월까지 보존기간을 늘리려면 28페이지 '매직잼의 진공과 살균'을 참고하세요.)